图书在版编目（CIP）数据

漂亮的动物朋友们 /（意）埃利诺·巴索迪著；方希译. -- 北京：北京联合出版公司, 2018.9

ISBN 978-7-5596-2138-2

Ⅰ.①漂… Ⅱ.①埃… ②方… Ⅲ.①动物 - 普及读物 Ⅳ.①Q95-49

中国版本图书馆CIP数据核字(2018)第112572号

漂亮的动物朋友们

[意]埃利诺·巴索迪 著 方希 译

筹划出版：后浪出版公司　　　　　　出版统筹：吴兴元
责任编辑：宋延涛　　　　　　　　　特约编辑：郭春艳
营销推广：ONEBOOK　　　　　　　　装帧制造：墨白空间

北京联合出版公司出版
（北京市西城区德外大街 83 号 1 层 100121）
北京利丰雅高长城印刷有限公司印刷 新华书店经销
字 数：144 000　889 毫米 ×1194 毫米　1/16　6.5 印张
2018 年 9 月第 1 版　2018 年 9 月第 1 次印刷
ISBN：978-7-5596-2138-2
定 价：88.00 元

后浪

漂亮的
动物朋友们

[意]埃利诺·巴索迪 著 方希 译

北京联合出版公司
Beijing United Publishing Co.,Ltd.

目录

前言

　　每个人内心深处都藏着对自然的热爱和向往。自然呈现的奇妙景象总能令人惊艳和赞叹，但又绝非遥不可及。这本书能帮助发现身边的自然之美，只要我们抬头眺望窗外、走进城市的花圃、走到城市的郊区就能观察它们。博物爱好者运用温柔细腻的笔触记录与动物们的邂逅以及对自然的感想，从而汇集成了书中的一篇篇笔记和手绘。只要一点点时间，你也可以体验这些经历，与自然进行沟通。

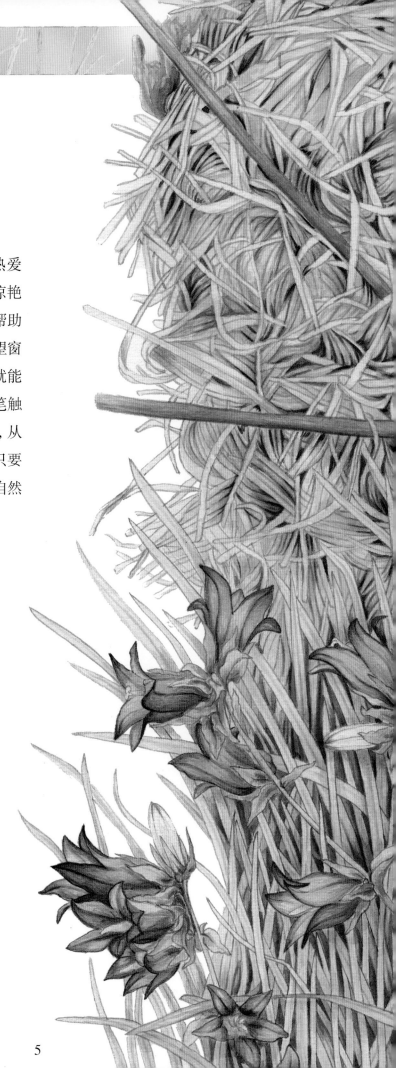

树林里的动物

探索周边环境

生活习性、食性偏好和栖息习性的不同使每种动物都有自己适合生存的环境。虽然小型捕食性动物会进行短途旅行觅食，鸟类也会经常从林子里飞到田间或树篱里，但是每种动物都有比较特定的生活环境。每种环境都具有鲜明的特色，从而形成了各自特定的动植物群。如果你想要认识文中介绍的动物，可以参考以下图标，每个图标代表一种适于某些动物们生存的典型栖息地。

城市

表面上看起来不太适合动物居住的城市其实暗藏着许多惊喜。例如，某些特定种类的鸟和唯一可以飞行的哺乳动物（蝙蝠）都觉得与城市居民共处十分方便。

乡间小屋

乡间小屋一般都有固定的常客。可以不劳而获得到食物是这些动物造访此处的主要原因，它们的捕食者也会随之而来。同时人类活动也增加了蜜蜂和蜂巢的聚集。

公园、花园和郊区

在公园和住宅区的花园里，我们能够浅尝自然之美。在这些地方，我们常常能碰到许多小鸟，事实上，几乎可以说是很难完全避开它们。

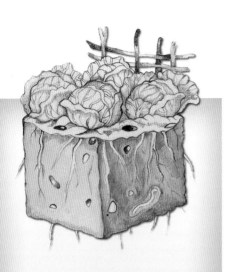

田野

农田对于许多动物来说有着丰富的食物来源。人类的劳作无形中为一些动物带来了食物，但同时对一些动物来说，杀虫剂的使用和其他干扰因素——例如人类的频繁活动——也对其造成了一定的影响。适应了这种环境的动物一般数量更集中，也更容易被看见。

树篱和林边

田地和树林之间的分隔边界是充满惊喜的地方。很多树篱和田地边界都是动物喜爱的栖息地。因为它们既能起到良好的屏障、保护作用，又靠近田地，便于动物觅食。这个空间有点像自由区，有时，即使是习惯在树林生活的动物也会在这里出没，既可以觅食，又不会太过暴露行踪。

树林

走进落叶林，我们能在周围发现十多种鸟类和许多小型哺乳动物。当然，要发现它们可一点儿都不容易。因为在树林这样的环境里，它们可以轻而易举地躲过人类的视线。但是，它们总会多多少少留下一点痕迹，让我们能够去了解它们的习性。随着时间的推移，我们也慢慢学会了去读懂和鉴别这些痕迹。

池塘

水势变缓的河流弯折处，或是地面一处积雨的凹洼，就能形成一片可以任我们尽情探索的、极富生命力的自然环境：池塘。当各种动植物能够在这里聚集生活时，那么可以说这个环境就成熟了。池塘环境成熟期集中了大量常客或是稀客，吸引大量好奇的博物爱好者前来参观。

家麻雀
花园里的常客

与其说家麻雀喜欢跟人类待在一起，不如说它们喜欢我们的窗台、我们的家和花园。无论我们生活在哪里，家麻雀总会在找寻食物的过程中慢慢接近我们。瓦檐和墙缝都是它们最喜欢的居所。虽然家麻雀的羽毛朴素，叫声不够动听，但它们活泼嬉闹的性格使它们显得十分可爱。家麻雀的叫声虽然不像其他鸟类那么悠扬，但叽叽喳喳的声音倒也并不难听。当它们到了求偶期的时候，雄鸟会因浮躁而变得更加吵闹：它们会不停地吵嚷着竞飞，每一只都想占领最合适的地方来筑巢。

根据羽毛颜色的略微不同，我们可以分辨家麻雀的性别。

雄鸟头顶中央的覆羽是烟灰色的，向两边渐渐过渡成栗色；背部的覆羽内黑外棕，羽尖则呈白色。喉部和下颌的羽毛为深黑色。雌鸟头部呈棕褐色，雄鸟身上的深色部分在雌鸟身上大多变淡。

家麻雀是杂食性鸟类，从面包屑、种子、水果到各种各样的昆虫，基本上什么都吃。这样的习性对农作物造成了一定的危害，因为它们会以植物的种子为食。但同时，家麻雀也消灭大量的害虫，可以说功大于过，也是农民的好帮手。当繁殖期到来的时候，雌鸟会在巢中产卵，每次3~7枚。家麻雀卵壳底色白中带灰，

上缀有棕色斑点。家麻雀的繁殖期是4月到7月，回巢产卵至少3次。

家麻雀亲鸟对它们的幼鸟非常热情关心。

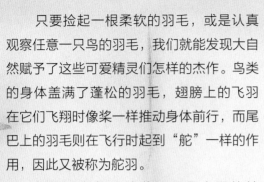

只要捡起一根柔软的羽毛，或是认真观察任意一只鸟的羽毛，我们就能发现大自然赋予了这些可爱精灵们怎样的杰作。鸟类的身体盖满了蓬松的羽毛，翅膀上的飞羽在它们飞翔时像桨一样推动身体前行，而尾巴上的羽毛则在飞行时起到"舵"一样的作用，因此又被称为舵羽。

轻盈和坚韧是这些羽毛最主要的特性，它们使鸟儿能够快速飞翔，轻松上升。一般我们看到的部分称为正羽，通过一个叫作羽根的部分"锚定"在鸟类身体上。

鸟类羽毛的形状和颜色丰富多样，并随着性别、年龄，有时甚至是季节变化而有所不同。观察鸟类羽毛不同阶段的变化是非常有意思的事情。

雄鸟的羽毛一般来说要更为花哨。在许多鸟类中，雄鸟的羽色比雌鸟更鲜艳，而且到了求偶季节羽色会变得更加艳丽，以吸引异性。

这些大自然的奇妙造物，当然也需要细心的照料。通常，鸟儿会时不时地用喙去顺一顺羽毛。如水鸟就需要清洁羽毛，以保持它们的防水性。

野兔

要么奔跑，要么躲藏

当一种动物成为所有捕食者（包括人类）的猎物时，它的生活就变得十分艰难。它不得不更谨慎地生存，将逃跑或伪装自己变成特长。据说，野兔有非常独特的技巧来迷惑、摆脱追踪它们的猎狗：跑一长段之后，它会突然沿着来时的脚印往回跑一百来米，然后用力往旁边一跳，朝着另外一个方向逃跑。猎狗的"嗅觉雷达"却继续带领它们沿着原来的路线追踪，直到陷入死胡同，等到它们重新追踪到野兔的痕迹时，已经过去很长时间了。在这种性命攸关的时刻，分分秒秒都尤显珍贵，但伪装并不总是这么有效。

白天的时候，野兔蜷缩在地上一个小洼地里观察等待。即使打瞌睡，它们的长耳朵也使它们能够捕捉最微弱的动静。当危险靠近的时候，它们会保持绝对静止，不让捕食者发现它们隐藏的身影。如果不是确信自己已经被天敌发现，野兔绝不会开始逃跑，甚至连眼睛都不会眨一下。但当它们开始逃跑的时候，它们会压低耳朵急速逃开。通常，跑一小段之后，它们会立起身体，用大耳朵侦察一会儿动静，然后再继续行动。

野兔生性喜欢独居，但当交配的季节到来的时候，似乎它们也克服了自己的天性。野兔一年最多可以生育4次，小野兔刚出生就覆满绒毛、可以睁开双眼。野兔妈妈给小野兔喂奶2~3周，然后40天左右之后，小野兔们开始离开。

一岁左右的小野兔就长得和成年野兔一般大小了。

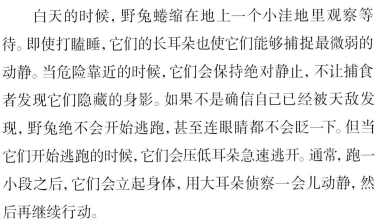

穴兔　　　野兔

野兔

分类：哺乳纲，兔形目。

大小：身体长约48~70厘米。

生活环境：一般隐藏在较浅的洞穴中，除了求偶期外，以独居为主。

哪里可以遇到它们：空旷的农田里、平原和高原上，而树林或山上较少见。

野兔是非常多产的动物。雌野兔在经历40天左右的妊娠期之后，每胎能生1~6只小野兔。每年可生育4次。

16

在野兔的所有天敌中，赤狐最狡猾。除了地面上的食肉动物之外，野兔还得小心来自天空的危险：隼或雕的盘旋飞翔也是它们需要特别警惕的信号。

从香草植物到车轴草属植物（如白花三叶草），这种啮齿动物的饮食选择非常丰富多样。有时，它们还会到农田里寻找小麦和玉米。春天里，它们则更专注寻找新鲜的嫩芽。野兔的门牙持续生长，在互相触碰的过程中磨得更加锋利。

17

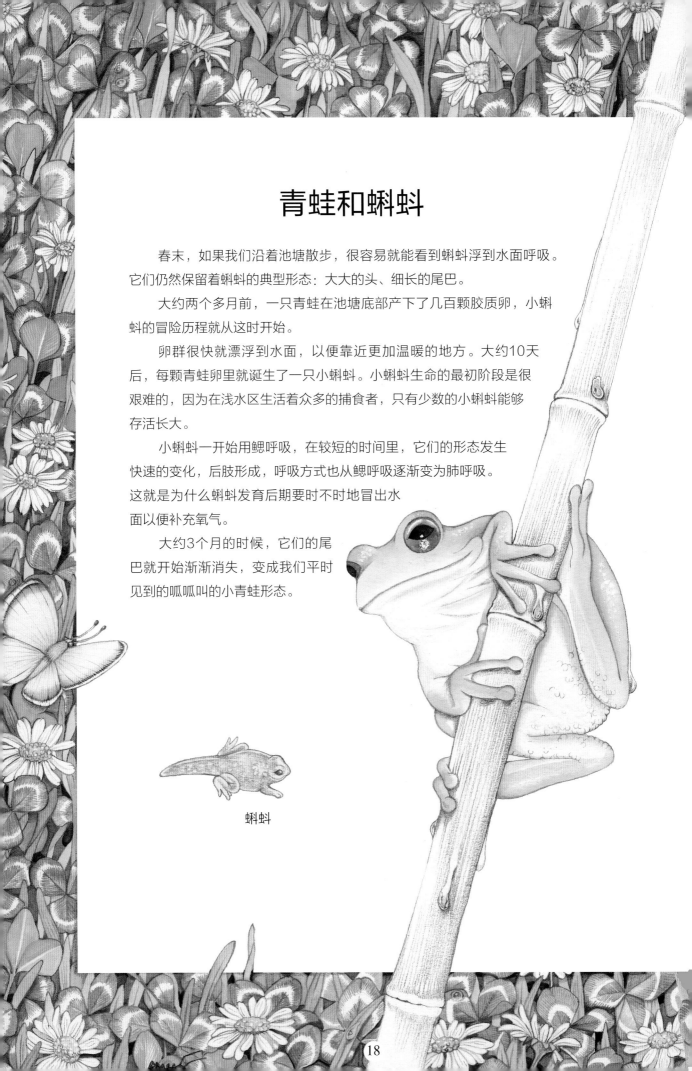

青蛙和蝌蚪

春末，如果我们沿着池塘散步，很容易就能看到蝌蚪浮到水面呼吸。它们仍然保留着蝌蚪的典型形态：大大的头、细长的尾巴。

大约两个多月前，一只青蛙在池塘底部产下了几百颗胶质卵，小蝌蚪的冒险历程就从这时开始。

卵群很快就漂浮到水面，以便靠近更加温暖的地方。大约10天后，每颗青蛙卵里就诞生了一只小蝌蚪。小蝌蚪生命的最初阶段是很艰难的，因为在浅水区生活着众多的捕食者，只有少数的小蝌蚪能够存活长大。

小蝌蚪一开始用鳃呼吸，在较短的时间里，它们的形态发生快速的变化，后肢形成，呼吸方式也从鳃呼吸逐渐变为肺呼吸。这就是为什么蝌蚪发育后期要时不时地冒出水面以便补充氧气。

大约3个月的时候，它们的尾巴就开始渐渐消失，变成我们平时见到的呱呱叫的小青蛙形态。

蝌蚪

春天里，动物朋友们都在忙什么

家麻雀	4月开始在巢中产卵。
蝙蝠	某些种类的蝙蝠春天从冬眠状态中醒来。如果它们在冬眠前进行了交配，那么在春天则开始受精。
紫翅椋鸟	开始捕食大量的昆虫，其中大部分都对作物有害。同时，进入求偶期，结成对的椋鸟开始筑巢。
大山雀	3月，进入繁殖期的大山雀成双结对，开始筑巢；4、5月份开始产卵。
小林姬鼠	第一次筑窝。雌鼠产下4~5只幼崽。
乌鸫	开始配对和筑巢。
刺猬	从冬眠中醒来。
蜜蜂	在春天温暖、晴朗、少风的日子里，雄蜂开始离开蜂巢寻找蜂后。
雕鸮	3、4月份间，雌雕鸮产下1~2枚圆形的卵。
戴胜	5月进入求偶和产卵的时期。
鼹鼠	4、5月份，进入繁殖期，开始交配。
野兔	寻找新鲜柔嫩的芽。
石貂	接近春末时，幼崽出生。
戴菊	筑巢，雌鸟产下5~10枚卵。有时候，也会产第二巢卵。
榛睡鼠	第一股暖流来临的时候，从冬眠中醒来。醒来后的榛睡鼠体重比冬眠之前轻了一半。
睡鼠	天气一回暖睡鼠就恢复正常的生活，5月进入繁殖期。
赤狐	4月到5月，幼崽出生。
绿头鸭	3月到4月间大都结成对。
芦莺	4月末开始从温暖地带回归欧亚大陆。5月末，筑巢完毕。

紫翅椋鸟
黄昏的巡逻兵

　　静立在山坡上的一棵大樱桃树受到一批特殊客人的来访：开始逐渐改变颜色的樱桃果吸引了一大群紫翅椋鸟，它们结伴来到枝头逗留张望。成百上千只的褐羽鸟儿像一支小小的先遣部队，为黄昏的百万鸟师巡逻探视。

　　紫翅椋鸟一年四季都成群活动，迁徙的时候这个特点更为突出。冬天，它们在欧亚大陆温暖区域广泛分布，夏天则前往最北部的区域筑巢。

　　纤长的翅膀和平短的的尾巴使它们的形态显得颇为优雅。长长的喙春天为淡黄色，到秋天则逐渐加深为棕黑色。

　　紫翅椋鸟的羽毛随着性别差异和季节变化而有所不同。春天的时候，雄鸟身体上半部分为黑色，其中头颈部羽毛带紫色光泽，背部羽毛则带绿色光泽；每片羽毛的羽尖都带一块白斑。身体的下半部分则为光泽较弱的纯黑色。秋天到来的时候，背上的斑点会变得更加明显，光泽度相对春天时也要暗一点。

紫翅椋鸟

分类：鸟纲，雀形目。

大小：身长约20厘米。

生活环境：在墙缝、树洞、屋檐下甚至地上筑巢。

哪里可以遇到它们：通常一大群紫翅椋鸟居住在一起，形成非常嘈杂的集群。

最佳观察时间：黎明时分紫翅椋鸟出来寻找食物的时候，或者黄昏它们归巢的时候。

雌鸟的羽毛要比雄鸟的低调一些，全年的颜色都更加柔和。春天的时候，紫翅椋鸟捕食大量的昆虫，其中大部分都对作物有害，这在一定程度上帮助了农民。但是，紫翅椋鸟同时也爱吃水果，樱桃、杏和无花果尤其为它们所爱。

最让农民头疼的还是秋天的时候，紫翅椋鸟频频造访葡萄园和橄榄园，吃掉大量的果实。

4月到6月，紫翅椋鸟开始寻找配偶，准备进入繁殖期。

树洞和墙缝是它们筑巢的理想场所。紫翅椋鸟的巢一般用草和羽毛混合筑成。

雌鸟每巢产4~7枚浅蓝绿色的卵，经过12天左右的孵化，小椋鸟就出壳了。亲鸟会给小椋鸟喂食3周左右，直到小椋鸟准备好跟随它们一起外出寻找食物。

蝶与蛾

　　开满鲜花的草地是乡村常见的美景，很可能，也是能遇到蝴蝶的最佳场所。

　　温暖的季节为花圃带来了丰富的花蜜，也吸引了蝴蝶翩翩前来造访。这些色彩斑斓的优雅生物飞舞着为我们呈现精彩的节目。

　　白天，蝴蝶在阳光下翩翩飞舞。夜晚的主人公飞蛾则稍显低调，但同样令人着迷。两者都在花间觅食，帮助传播花粉。

　　蝴蝶跟随光线移动，但也受花香吸引。它们从上而下降落到花朵上，花朵的结构让它们采蜜的时候也能保持平稳。飞蛾则被黑暗中较显眼的浅色吸引，一般由低处接近目标。同时，它们也对一些比较强烈的气味敏感。休息时，蝴蝶合上翅膀以便触碰背部，飞蛾的翅膀则像剪刀片一样交叠着合起。但无论是蝴蝶还是飞蛾，当它们在花间飞舞的时候都是特别美好的景象。

大山雀
寒潮的报信员

    生活在城市边缘的人们经常会遇到"寒潮报信员"——大山雀。花园里、树枝上，都停留了不少大山雀。它们成群结队从雪山飞到平原来，寻找它们冬天里喜欢的食物：种子和昆虫。一路上欢快嬉闹，吵闹不休。通常，它们偏好多种不同的树木聚集的树林。对它们来说，山毛榉和栎树都是极佳的目标：那里一般都藏着不少种子。

    大山雀觅食的时候会用到极其复杂的平衡机制。比如说，有时它们会倒挂在树枝上，轻轻摇晃树枝或者啄击干燥的树皮以便捕食隐藏其中的小动物。我们可以看到栎树和山毛榉这些"粮仓"树上，大山雀的数量日益增加。

    季节的交替让大山雀平静的生活发生变化。春天的到来点燃了雄山雀的热情，它们一改平常的沉默，殷勤歌唱，期待建立起家庭。雄山雀的羽毛更加鲜艳光滑，而且随时都准备好飞往更高的枝头，炫耀自己。大山雀的头颈和胸前围绕着一道黑色的羽毛，两颊则是白色的，背部的毛色偏绿，腹部的羽毛则是黄色的。

大山雀的翅膀是灰棕色的，羽尖呈白色。雌性大山雀胸前的黑色要比雄性低调得多。从3月中旬开始，新婚的大山雀夫妇就开始占地筑巢了，有时候它们会在树洞或岩石裂缝间筑巢，有时候它们占用其他鸟儿荒废的鸟巢或者人类丢弃的物品例如旧花盆，然后用干草和羽毛悉心地铺垫好。

在这个有些粗糙的鸟巢里，大山雀妈妈在里面产卵。大山雀的卵壳呈白色，上面有一些淡红的斑点。12~13天后，所有的幼鸟几乎同时破壳而出。然后，大山雀夫妇就要辛苦地一起育雏。每年，大山雀最多会产3巢卵。

大山雀

分类：鸟纲，雀形目。

大小：身长约15厘米。

生活环境：在墙缝和树洞中筑柔软厚实的巢。

哪里可以遇到它们：在公园、花园、菜园、人类居所和树林里都很常见。

最佳观察时间：白天。

食物：昆虫及其幼虫，植物的种子和芽。

大山雀在墙缝和树洞中筑巢。每巢产8~10枚卵。幼鸟孵出后，雌雄山雀轮流育雏，给幼鸟喂食小昆虫。

大山雀爸爸是无可挑剔的觅食者。为小山雀寻来的食物几乎不包含植物种子，而是以昆虫和毛毛虫为主。当小山雀的羽毛覆满全身的时候，它们也准备好了离开鸟巢，跟着大山雀爸爸妈妈一起，拍打着小翅膀，啁啾着前去寻找更多的食物了。大约3周之后，小山雀就能独立觅食了，这就为新一窝小山雀的诞生创造了条件。

在下雪不多、气温也不太低的冬天里，如果气候条件适宜，大山雀更喜欢留在它们出生的地方过冬。最寒冷的时候，大山雀会转移到山谷里生活，但除了偶尔会从北欧飞到地中海盆地过冬之外，真正意义上的迁徙在大山雀中并不常见。

成为花园和果园常客的大山雀会年年前来悠游，最后几乎可以说赶也赶不走。

大山雀也不会放过植物的种子。我们会看到它们在树枝间四处探索，寻找食物。有时，它们倒挂在树枝上，用自己小小的身体去振荡树枝，以待果实掉落。

大山雀也喜爱针叶林，在那里它们可以找到各种幼虫、小昆虫；啄破坚硬的外壳，它们还能吃到各种各样的坚果种子。

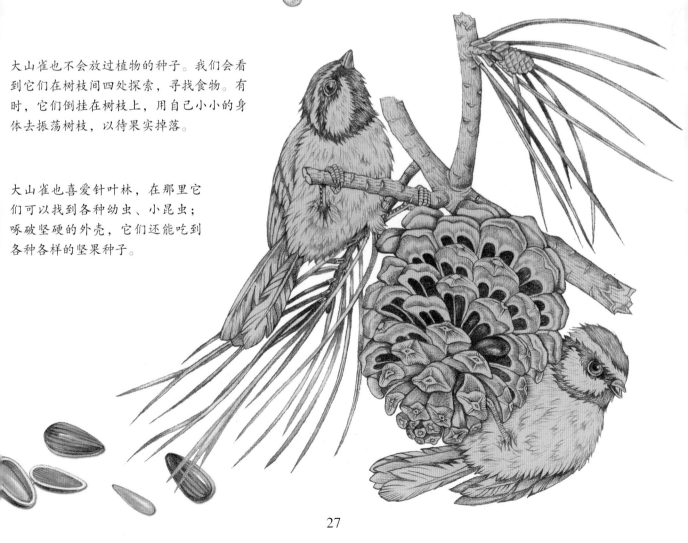

小林姬鼠

机敏又谨慎

　　小林姬鼠喜欢吃的食物很多，榛子、核桃、橄榄、板栗和水果是它们的最爱，但有时也吃各种鸟卵和蠕虫。这种贪吃的动物常常冒着被天敌发现的危险，跑到树林里去到处寻找食物。

　　正是因为如此，小林姬鼠更喜欢靠着夜色的掩护出行，好躲避天敌的追捕。它们的大眼睛、大耳朵和敏锐的嗅觉引导它们在黑暗中行动。

　　它们的步态独具特色，经常是小跳着前行。这种特殊的前进方式让它们与其他相似的、同样谨慎的物种区别开来。

　　找到食物之后，它们会心满意足地带回窝里储存起来，以便应对食物缺少的时期。凭借"建筑者"的本能，它们会挖掘一条专门用作仓库的隧道，并通过广泛分布的通道将仓库和住所连接起来。

　　通常，在挖掘的多个地下洞穴中，它们会选取一个作为自己真正的窝。雌鼠就在这个窝中产下幼鼠。小林姬鼠一般每窝产崽数量不高，但次数比较频繁。

乌鸫

优雅的羽衣

与我们在城市花园里遇到的其他鸟儿比起来，雄乌鸫的黑色羽毛显得高雅出众。我们经常会看到雄乌鸫在雌鸟的陪伴下一同寻找食物。雌乌鸫的羽色相对暗淡，身体上半部分一般从深棕色过渡到棕色，下半部分则颜色更浅。鸟喙也是一样，雄鸟的喙一般是鲜艳饱满的橙黄色，而雌鸟则偏向于棕色。

在初春气候比较温和的时候，乌鸫开始配对。3月初，未来的乌鸫爸爸和乌鸫妈妈就开始一起筑巢了。

每一巢大概有4~6枚乌鸫卵，颜色一般是蓝绿色带铁锈色斑点。15天左右之后孵化出来，新一代小乌鸫诞生。

生活在南方等温暖地区的乌鸫基本上一年四季都定居在那里。

乌鸫

分类：鸟纲，雀形目。

大小：身长约25厘米。

生活环境：在灌丛、树上、墙缝、窗户和木材堆上筑巢。

哪里可以遇到它们：乌鸫偏好树篱、树林和花园。黎明时分，可以在屋顶或杆头看到雄乌鸫停驻。

最佳观察时间：白天。

食物：水果、蠕虫和昆虫。

繁殖：雌鸟一般4月底产卵，每巢4~6枚。

而生活在北方的乌鸫则会在冬天寒冷的时候迁徙到温暖地区过冬。同样的，夏天生活在山上的乌鸫，在最初的寒潮来临的时候，就开始往平原地区迁徙。生活在城市里的乌鸫则一般不太受季节变化的影响，一年四季都定居在一个地方。随着时间的推移，乌鸫也学会了不再怕人，甚至，它们开始习惯用它们的美妙歌声来获取食物。所以，无论哪个季节都很容易观察到它们。

蜗牛

在刺猬生活的地方，我们很可能也能找到它们常捕食的猎物——蜗牛。

大小河流穿越树林造就的潮湿环境是蜗牛最喜欢的栖息地。

在凉爽和雨后湿度较高的时候，我们比较容易看到它们在草地上移动觅食。它们行动之处会留下一道黏液，这道黏液会很快变干，变成有光泽的银色痕迹。

蜗牛裸露的身体是圆筒状的，下面有扁平宽大的腹足使得它们能够移动。

有些种类的长度能达到12~15厘米，颜色一般在棕色和黑色之间，有时会偏向红色。

蜗牛背着螺旋形的壳。当它们感觉受到威胁，或是决定开始休眠的时候，它们就会躲进壳里。

它们也不会忘记关上家门。当没有什么食物的时候，它们会缩进壳里，然后用黏液封住蜗壳的入口。等到黏液干了之后，它们就可以在一个安全、受保护的环境里休息了。

刺猬

带刺的外衣

最常见的说法是刺猬利用背上的刺叉着食物背回巢穴。这种方便的运输方式可以让这些可爱的动物朋友静静地享用它们夜间收集来的食物。

可是这与事实并不相符。事实上，刺猬背上的刺能够在危险情况下为它们提供绝佳的保护。因此当体形较大的、攻击性强的动物诸如狐狸、鼬或夜间活动的猛禽试图攻击刺猬的时候，它们会因为无法穿透这层"盔甲"而放弃，或者偶尔有天敌试着穿透背刺，却反而狼狈受伤。

刺猬

分类：哺乳纲，猬形目。

大小：身长约28厘米。

生活环境：在地下筑穴，以干树叶覆盖。

哪里可以遇到它们：白天它们一般隐藏在树篱和城镇附近的林地里。

食物：昆虫、幼虫、蠕虫、小老鼠、青蛙、蟾蜍、鸟卵、植物的果实和根、蘑菇等。

繁殖：6月至9月期间，雌刺猬产下一胎或两胎幼崽，每胎3~6只。

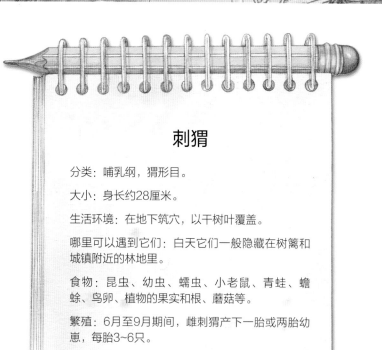

刺猬面临的真正危险来自人类。很可能，夜间觅食的时候过马路是它们面临的最大风险。夜晚降临的时候，刺猬就从它们的洞穴和躲藏处出来，用它们发达的听觉和嗅觉寻找它们喜欢吃的各种各样的食物，包括昆虫、蠕虫、小型哺乳动物、雏鸟、两栖动物和爬行动物等。

它们尖锐的牙齿可以使体形很大的动物受伤，有时候甚至是致命伤。它们会跟蝰蛇和其他蛇类这些让其他动物恐惧的对手进行史诗般的斗争。战斗一般都以刺猬的胜利而告终，获胜的刺猬会咬下敌人的一部分，然后扬长而去。

当夏天最绚烂的时节到来的时候，即使是刺猬中最孤僻的独居者也会出门去寻找伴侣。刺猬不太喜欢阳光，所以它们会等到夜晚降临，才会拖着它们缓慢的步伐外出。听觉比较敏锐的观察者可以听到它们踩在树下落叶上拖行的声音。如果我们听到呼吸与沉默间杂的声音，说明我们的小刺猬遇到心仪的对象了。

刺猬的求偶仪式非常特别，有时可以持续好几个小时。雄刺猬围着雌刺猬一边转圈，一边发出叫声；而雌刺猬则是静静地观察，等着作出决定。

通常，伴侣形成7周后，小刺猬就出生了。每窝小刺猬的数量一般为3~6只，有时可以多达8只。小刺猬由刺猬妈妈

独立抚养。刚出生的时候，刺猬的刺是柔软偏白的。运气好的话，我们可以看到可爱的小刺猬排着整齐的队伍，跟着妈妈去学习猎食。

出生后只要长到两个月或者稍大一点，小刺猬就能够自力更生了。很快，温柔的刺猬妈妈就用鼻子拱着小刺猬——包括那些最胆小的——鼓励它们出去面对这个世界了。

蜜蜂
花上的生活

4月，各种鲜花竞相开放，争奇斗艳，宣告春天的盛大节日隆重开幕。这样五彩缤纷的美景时常令我们着迷，但其实花朵开得这么娇艳是为了吸引昆虫的来访。当然，花朵会提供一些食物招待这些小客人，而花粉则粘在小昆虫身体上，借此在花朵之间传播，使得相距较远的植物之间也能进行基因的交流。

花开时节，我们能很容易地观察到蜜蜂，它们频繁地到花间造访，在树枝间、花朵间飞来飞去，寻找食物。我们经常可以听到它们嗡嗡地在树的花、嫩芽和树皮间飞舞，那是它们在采集树脂和花蜜。有时，它们也会挤蚜虫等害虫来获取它们产生的含糖液体。

采蜜是非常专业的工作。蜜蜂会长期辛勤工作，一切都是为了蜂巢的建立而服务。

蜜蜂的社会结构相当复杂，观察它们的人也因此拥有更加浓厚的兴趣。许多蜜蜂共享一个大房子——蜂巢，形成一个生活共同体。住在其中的蜜蜂各司其职：有负责保卫家园的蜜蜂，有负责采蜜和建造家园的蜜蜂，自然，也有负责让整个种族繁衍下去的重要角色——蜂后。

正是繁殖类型和与之相关联的行为特征使蜜蜂成为一种独一无二的生物。只有一只蜜蜂，也就是我们称之为"蜂后"的蜜蜂，有能力怀孕产卵，制造下一代，而蜂巢中的其他所有居民都是辛勤地为她服务的。

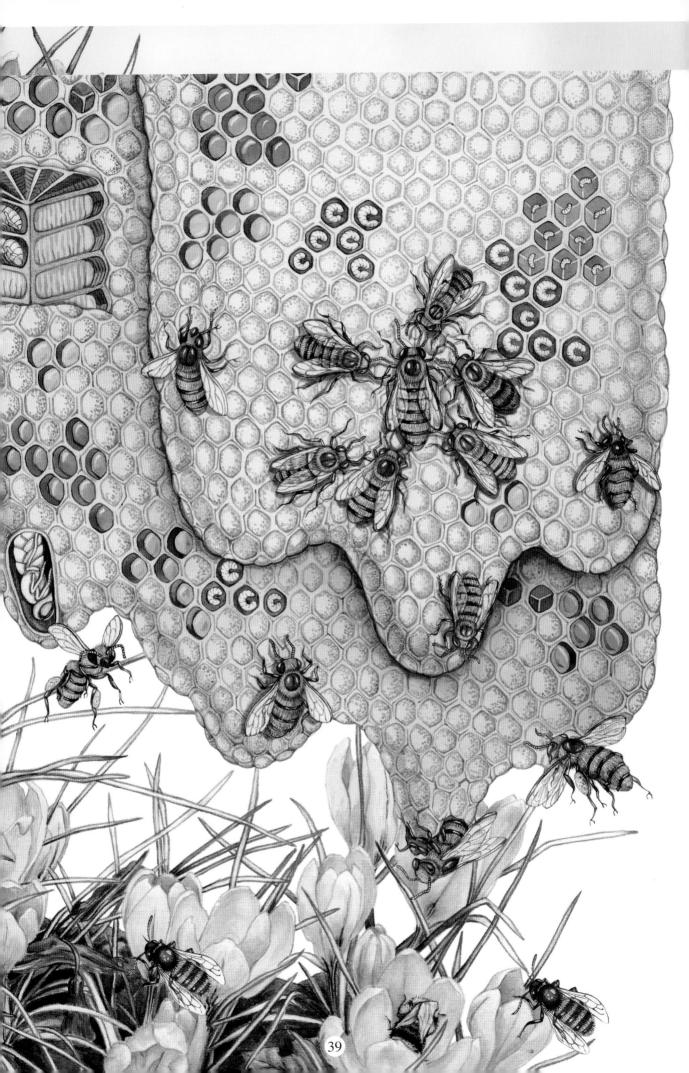

所有的故事都是从蜂后产在六边形巢室内的一枚小小白色受精卵开始的。短短三天之内新的幼虫就可以孵化；刚出生的那段时间里会是它的姐姐们来照料它，给它喂食。幼虫的饮食是非常重要的，因为未来的蜂后只能食用蜂王浆，而工蜂则吃花粉和蜂蜜。

三个星期之后，幼虫就会经历蛹的形态，变为成虫。它们在工蜂姐妹的帮助下破蛹而出，以全新的形态在群体中亮相。短短几天之内，它们的身体就会变得坚硬，同时

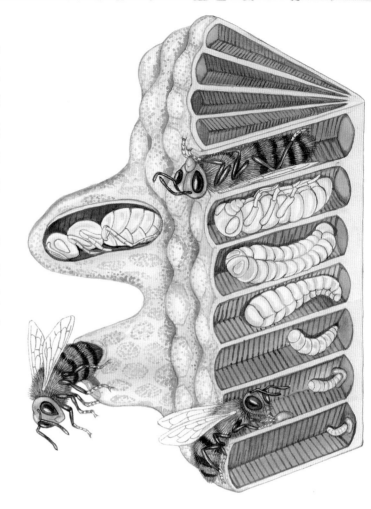

被工蜂围绕着的蜂后；
在蜂蜡巢室中，可以看见几只幼虫。

也学会辨识"家"的气味。就这样，每只刚成年的蜜蜂开始各自尽自己的新职责：照顾幼虫，建立蜂房，保护蜂房或者是寻找食物。

蜂巢具有极高建筑价值，是空间合理利用的典范。蜂巢的建筑材料是由"制蜡蜂"提供的，这类蜜蜂能通过它们腹部特有的腺体制造出蜡片，咀嚼过之后，将其精确

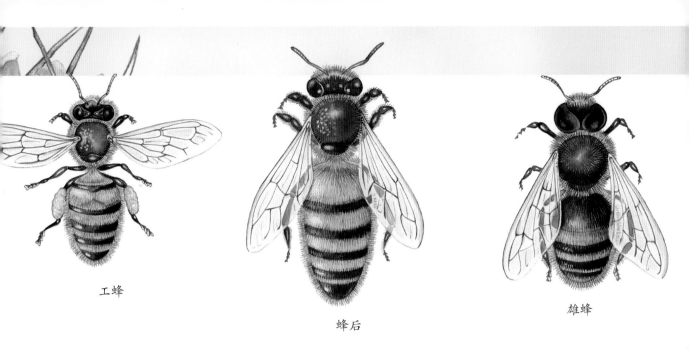

工蜂

蜂后

雄蜂

地放置在合适的建筑部位。

　　整个蜂群组成一道活动生产线，以帮助制蜡者寻找最佳建筑场所；蜂群的存在使环境温度升高，也有利于蜡的生成。同一蜂巢的蜜蜂会使用一种化学语言来辨别彼此，并进行复杂的信息交换。通过频繁的营养交换，整个大家庭的凝聚力也持续提高。

　　所以，我们看到的、在花冠上采蜜的觅食工蜂，只是这种昆虫复杂群体活动中的一个环节而已。

花香

　　每个季节都有花开放，但春天却因为百花争妍的景象拥有独特的魅力。在经历了冬天的冰雪和寒冷之后，竞相开放的鲜花用它们的香气和色彩吸引我们的目光，也召唤昆虫的到来。无论是在城市、田野、树篱还是树林，我们都能看到这样的景象。一点儿空地，花儿就能生长开放。有些花比较低调，有些花长得像草。它们的种子被风和水携带着经历了长长的旅行，以便寻找扎根的地方。

　　湿润的土壤是花儿开放的理想环境，因为那里有植物生长的所有必需条件。

　　田野的边缘，或者更确切地说，在树篱里面，很多随风而来的种子落地生根，花的种类也就十分丰富。树林则不是花朵生长开放的理想环境，因为土壤中的很多养分都被大树的根须吸收走了。虽然如此，树林里还是有些花能够趁着春天大树的叶子还不太茂盛的时候，利用树枝间漏下来的阳光盛开。

夏天里，动物朋友们都在忙什么

家麻雀   持续产卵，一直到7月为止。

蝙蝠   从黄昏到黎明外出捕食，利用这个季节尽量填饱自己的肚子。

紫翅椋鸟   回到北方生活，最北可以到达西伯利亚地区。

大山雀   如果气候适宜，产下第二巢卵（有时也会产第三巢）。

小林姬鼠   夏天是它们最活跃的时期。

乌鸫   育雏，有时会产第二巢和第三巢卵。

刺猬   盛夏时期开始求偶，求偶仪式会持续好几个小时。

蜜蜂   开始在蜂巢内贮存食物：蜂蜜和花粉，为冬天的来临做准备。

雕鸮   尽管还不具备飞行能力，幼鸟在这个季节已经开始离巢。

戴胜   育雏活动一直持续到6月。

鼹鼠   6月产下3~7只小鼹鼠。

野兔   正常活动。

石貂   6月到7月，开始进行求偶和交配。

戴菊   在山坡或高岭上生活。

榛睡鼠   雌性榛睡鼠夏天里会产1~2胎，每胎3~7只幼崽。

睡鼠   经常在夏天产第二胎幼崽。

赤狐   雌赤狐负责照顾幼崽，雄赤狐则负责猎食。

绿头鸭   雄性绿头鸭进入换羽期，失去头顶的彩色羽毛。

芦莺   到8月末前，芦莺能够养育至少两巢小芦莺。

雕鸮
夜间的啼唤

　　当夜幕降临，雕鸮的叫声开始在夜色中弥漫。重复持续而刺耳的回声在浓密的树影中不停回荡。这是雕鸮吹响的号角，宣告它们即将开始夜间的狩猎。

　　这样，住在树林里的小鸟、田鼠、大鼠和其他小型啮齿动物就知道最可怕的捕食者已经准备好出来捕捉它们。雕鸮是真正意义上的庞然大物，它们有的体长可以达到70厘米，而双翼展开时的大小更是令人惊叹。雌雕鸮的个头甚至比雄雕鸮还要大，两者都具有这种动物的典型特征：一双长在平面而非两侧的大眼。整个雕鸮头部的设计，例如巨大的钩状喙和额前奇异的装饰性羽毛，仿佛都是为了突出它们的恐怖感。

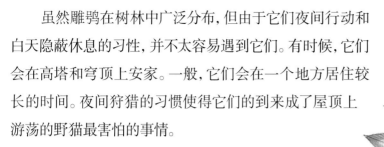

虽然雕鸮在树林中广泛分布，但由于它们夜间行动和白天隐蔽休息的习性，并不太容易遇到它们。有时候，它们会在高塔和穹顶上安家。一般，它们会在一个地方居住较长的时间。夜间狩猎的习惯使得它们的到来成了屋顶上游荡的野猫最害怕的事情。

雕鸮夜间捕食的功能要归功于它们特殊的眼睛，那让它们可以捕捉到极其微弱的环境光线。球状的眼球使光线以不可思议的方式汇集到视网膜上。在特别黑暗的夜里，月亮的光芒十分微弱，人类无法利用那点微光进行活动，这种猛禽却能自如地飞翔。它们的听觉系统也非常发达，这就使得它们看准的猎物逃脱的可能性微乎其微。

分析食团中的成分，就可以发现雕鸮吃了些什么。

猎物和狩猎者的体形大小是成正比的。雕鸮的爪子强壮有力,它们甚至能够捕捉到猫。

雕鸮吃东西的时候是整个吞下的。吞下去之后,胃会把骨头、羽毛、绒毛和肉分离开来,肉就在胃中消化,而剩余的残渣则会以食团的形式吐出来。每天,雕鸮的住处下面都会堆着一堆残渣。

观察食物残渣,我们就可以很容易地推断出它们吃了什么。

雕鸮的视觉非常敏锐,但是眼球却不能在眼眶中转动。因而为了追踪猎物的行踪,雕鸮必须转动它们整个头部。

雕鸮属于猫头鹰的一种,可以通过其头顶两侧的发达的耳羽被辨别出来。

它们的头可以转动270度。

戴胜

彩色的冠羽

　　3月末的早晨,如果我们到树林和草地的交界
处,很容易就能碰到戴胜。快速轻盈的飞行和鲜艳的粉
棕色夹杂黑白的羽毛都是它们不容错辨的特征。戴胜在
整个欧亚大陆广泛分布,从春天到秋末都比较容易碰到
它们。到了冬天最冷的几个月里,它们则会飞到气候比较
温暖的南方地区。

　　戴胜的习性是一般单独或成对生活,这让它们不管
在山坡上还是在平原里的植被,尤其是稀疏植被间的行
动都非常敏捷。它们喜欢在这些地方捕食甲虫、蚂蚁和其
他各种昆虫。在狂热捕食的过程中,它们会发出单调的叫
声,扬起头顶上的羽扇。跟其他鸟类不同的是,戴胜不管
雌雄都有这样的冠羽,只是雌鸟头上的羽冠相对比较小。
雌雄戴胜的整体羽毛也很相似,两者头上和身上都覆满
柔软的粉棕色羽毛。冠羽、飞羽和尾羽的末端部分为黑白
色,肚子上的羽毛偏白色,与深灰色的爪子形成对比。

5月是戴胜求偶的季节。雄戴胜竖起冠羽，在树枝间跳来跳去吸引雌鸟的注意。

当新的家庭诞生时，它们将在树洞或岩石间筑巢产卵，每窝大概4~7枚，它们的卵呈青白色。戴胜爸爸妈妈会一起育雏，一趟趟地衔着小虫子飞回巢来喂食。

不知出于什么原因，戴胜在很多国家都有坏名声，一位著名诗人甚至将它形容成可怕的夜行动物。其实戴胜是一种十分优雅的鸟类，与传闻毫无相符之处。

啄木鸟

啄木鸟工作时发出的"笃笃"的声音打破了森林的宁静。

跟啄木鸟有节奏地啄击树干时发出的响声相比，鸟群的鸣唱突然间就好像算不上什么了。

根据"笃笃"声的强度和密度，我们也可以分辨发出声音的啄木鸟种类。

这种声音是啄木鸟用来跟其他同类进行交流、向对方告知自己也在区域内的信号。开春时节是它们的声音最丰富的时候，因为这个时候，无论雄啄木鸟还是雌啄木鸟都通过这个信号来吸引伴侣，组建家庭。在新的家庭构建鸟巢的时候，我们又可以再次听到典型的"笃笃"声。

雌雄啄木鸟交替着在它们选定的树干上进行着去皮和钻孔的工作。有时，它们的工作会持续两周时间，所钻的树洞直径可超过10厘米，深度达到30厘米。

鼹鼠

松软的土堆

　　一小堆新鲜的小土丘指示着鼹鼠觅食的行动方向。为了不打扰这种小动物，我们最好跟着小土丘的方向去追寻它们觅食的行踪。

　　鼹鼠真正的地下巢穴则一般埋得很深，而且没有明显的痕迹可循，所以是很难找得到的。它们所挖的隧道墙壁坚实，几乎总是在隆起的覆盖着茂密植被的地面下。

　　在四通八达的隧道中间，有个比较宽敞的厅室，那里就是鼹鼠真正的窝。窝里一般用树叶铺垫，鼹鼠幼崽就出生在这里。主通道向外辐射出若干条隧道，那是鼹鼠们为寻找食物挖掘的。一般来说，这些路线的长度不会超过50米，但是却已经足够让鼹鼠找到丰富的蚯蚓——它们主要的食物。

　　挖掘隧道的工作会消耗鼹鼠很多体力，这也就大大增加了它们的胃口。

据估计，一只鼹鼠一天内要吃下跟它身体等重的蚯蚓、昆虫和其他小动物。

只要断食12个小时左右，鼹鼠就有死亡的危险。所以它们总是囤积大量的蚯蚓，避免面对饥饿的危险。

我们很难想象这么多地下隧道原来竟是这些最大不过十七八厘米长的小动物们的杰作，而其中鼹鼠的尾巴就有三四厘米长。它们身体蜷曲臃肿，几乎呈圆柱形，头紧紧地连在身体上，前面长了个尖尖的鼻子。

鼹鼠的骨骼结构显示，这样的体形可以帮助它们更好地在隧道内部活动。

洞穴里的鼹鼠幼崽。

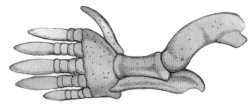

鼹鼠前肢的骨头关节显示了骨骼结构如何帮助它们更好地在隧道内部活动。

鼹鼠的食物

蝴蝶

蚯蚓

蜗牛

幼虫

鼹鼠的眼睛很小（毕竟它们总是生活在黑暗的隧道里），而耳廓甚至消失。

身体躯干的前面有一对非常短的前肢，配着大大的手掌和长爪子。

后肢较长，但爪子却比前爪小得多。它们身上披覆的深灰色或黑色的毛发柔软而光滑。

顺着土丘的延伸方向我们就能发现鼹鼠的觅食路径。贪吃的天性让它们不停地寻找蚯蚓和小昆虫，用前肢挖隧道，用背部拱起多余的泥土，留下明显的活动痕迹。

鼹鼠的挖掘工具是它们发达的前肢，前肢有强壮的骨骼结构作为支持。它们的五指上长有长长的、非常实用的有力爪子。

但要观察到这些是非常困难的，因为鼹鼠很少到地面上活动，即使上来也几乎总是在夜里。

不过，我们知道鼹鼠宝宝出生在春天，在4月和5月之间。洞穴正中央的主室里已经为它们准备好垫满树叶的小窝。

每窝出生的小鼹鼠大概有3~7只。刚出生的小鼹鼠全身光秃秃的，但5周左右的时候，它们的体重就能达到成年鼹鼠体重的一半了。

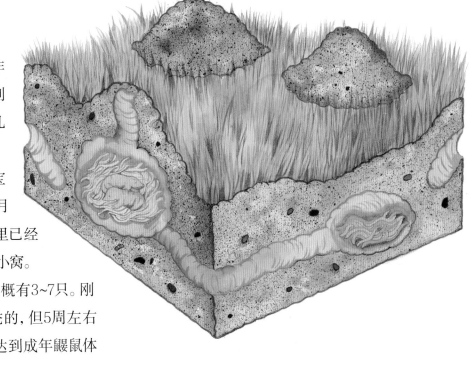

蝙蝠
暗夜里的飞行者

蝙蝠的飞行总是非常令人着迷。它们在夜色中腾空而起，尽管身处黑暗，也能在最后一刻快速急转，绕开一切障碍物。正是这种"盲飞"的能力吸引对蝙蝠感兴趣的人对它们进行长期的研究。蝙蝠能够发射超声波并捕捉物体反射的超声波，这种特异功能引导它们在黑夜中旅行。飞行时，蝙蝠每秒钟大约会发出30次声波；当它们接近反射物体时，频率会增加至每秒50次，以便它们更好地辨别障碍物所在位置。蝙蝠的耳朵拥有一种特殊的肌肉，必要时可以收缩，使得听觉器官对除了自身以外的其他声音不敏感，从而更好地捕捉物体反射回来的声波。这种精细复杂的能力，在4~5米距离范围内有一定限制。因而蝙蝠虽然能进行所谓的"盲飞"，但经常要做一些急转弯。

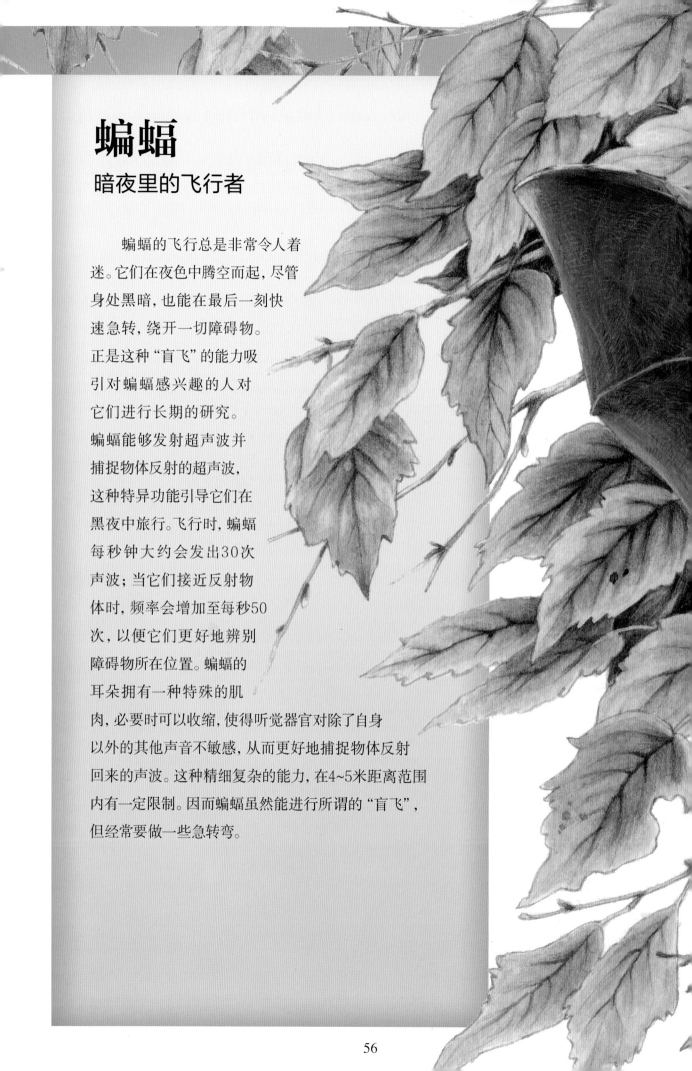

如果没有奇妙的自然回声定位，就不会有这些各种各样的夜间活动的飞行哺乳动物朋友们。从黄昏到黎明的数小时之内，它们就是林间的主角，到处寻找大小昆虫，以此为食。有时，它们也捕食小型哺乳动物，甚至一些鱼类和两栖类动物。有些物种则专注取食它们喜欢的某种水果。

然而小蝙蝠的第一餐是母乳，因为蝙蝠属于哺乳动物。

蝙蝠刚出生的时候全身光滑，眼睛是闭合着的。它们四肢有长长的钩爪，可以使它们挂在母亲的肚子上，当它们找到母亲的乳房后，它们就挂在那里再也不离开。

对于大部分物种，雌蝙蝠每次只生一只小蝙蝠，然后会带着小蝙蝠一起飞行。即使有小蝙蝠挂在身上，它们仍然能进行正常的活动。在一段时间（根据种类的不同有所变化）之后，小蝙蝠必须离开母亲，但是蝙蝠妈妈仍然会给它喂奶，直到小蝙蝠能够自力更生、独立生活为止。那一般是小蝙蝠生下来的6~8周以后。

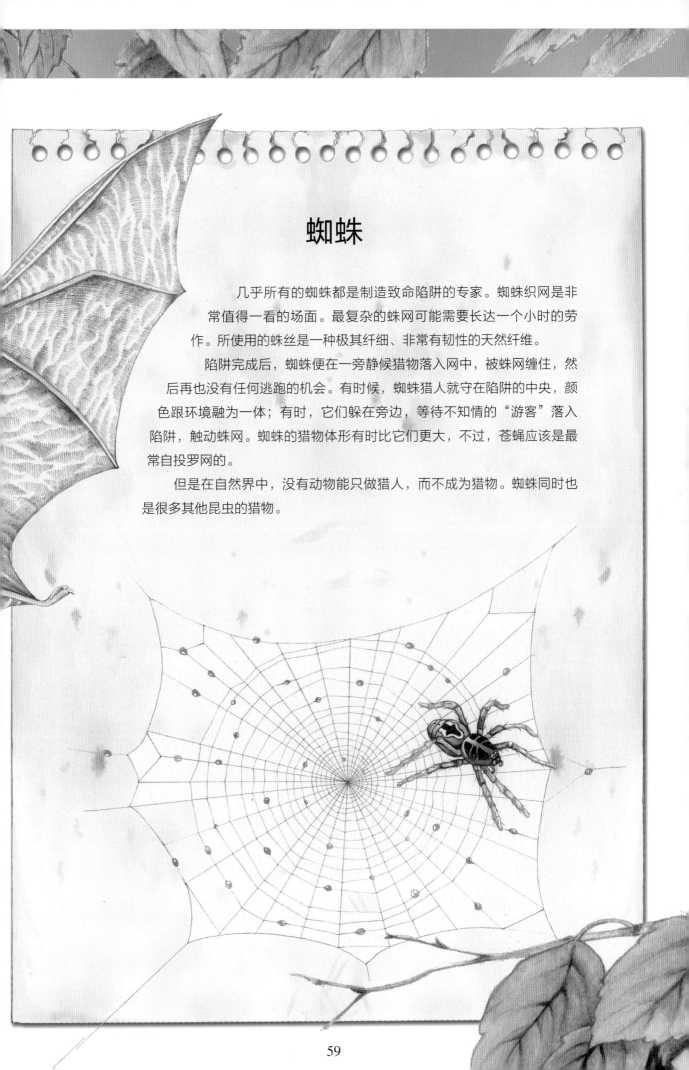

蜘蛛

　　几乎所有的蜘蛛都是制造致命陷阱的专家。蜘蛛织网是非常值得一看的场面。最复杂的蛛网可能需要长达一个小时的劳作。所使用的蛛丝是一种极其纤细、非常有韧性的天然纤维。

　　陷阱完成后，蜘蛛便在一旁静候猎物落入网中，被蛛网缠住，然后再也没有任何逃跑的机会。有时候，蜘蛛猎人就守在陷阱的中央，颜色跟环境融为一体；有时，它们躲在旁边，等待不知情的"游客"落入陷阱，触动蛛网。蜘蛛的猎物体形有时比它们更大，不过，苍蝇应该是最常自投罗网的。

　　但是在自然界中，没有动物能只做猎人，而不成为猎物。蜘蛛同时也是很多其他昆虫的猎物。

石貂
鸡农的噩梦

当天色暗下来，夜幕笼罩大地的时候，一种优雅而凶猛的小野兽开始狩猎——石貂活动的时刻到来了。如果它们居住的地方离人类不远的话，第一个它们会突击的地方就是鸡舍和兔笼。

在最寂静的时刻，这种鼬科动物绕过人类设下的各种陷阱和保护措施，开始猎杀家禽、家畜。它们的捕食是有条理的。首先，它们咬断动物的喉咙，然后吸光它们的血，最后抛弃尸体。

它们非常多疑，只要些微察觉自己被发现，就会立刻改变巢穴和居所。有时候，这只是临时的变更，等到过去一段时间，它们觉得自己的存在已经被淡忘的时候再搬回到原处；有时则是永远地抛弃原来的巢穴。它们也非常狡猾，能够精确地审时度势，感知到什么时候它们应该停止狩猎，离开鸡舍，逃回树林中去。当它们的根据地转回树林的时候，它们的猎物就变成了野兔、老鼠、小鸟和爬行动物。

石貂喜欢甜味，会从水果中摄取一些糖分，完善自己的营养结构。

通常，石貂非常低调，很少能看到它们的身影，只有一个时期除外，那就是它们的求偶季节。6月份是石貂寻求配偶的时候。这个时候，雄石貂就要使出它们最佳的本领来吸引雌石貂的注意。在求爱者激烈的斗争中，它们发出尖细的叫声，这也是少数能让我们发现它们存在的标志。来年春天，窝里就挤满小石貂了。

石貂妈妈精心地为石貂宝宝挑选安静隐蔽的小窝，然后用羽毛和其他合适的材料将那里变成温馨柔软的居所。每胎出生的石貂一般是3~5只，由石貂妈妈照顾，并教它们如何狩猎。几个月后，它们就长得差不多跟妈妈一样大，准备好进行全新的冒险了。

黇鹿
带斑点的披风

　　小黇鹿一般在夏初的时候出生。刚出生的小黇鹿非常虚弱，完全依靠母亲的照顾。黇鹿妈妈在它们出生的前几天寸步不离地守着它们，赶跑任何试图靠近小鹿的外来动物。当它们长大一点的时候，黇鹿妈妈就能稍稍离开一下，这时候，它们就只能靠自己身上的保护色来避开丛林里的捕食者。大概6个月大的时候，雄性黇鹿的头顶上就开始显现出两个凸起，这两个凸起以后会长成两只角。这对角一般会保留到第二年的夏初，然后第一对角会脱落，被新的角代替。雄黇鹿的角一年一换，要换过5次之后，它们的角才会长成成年黇鹿的大小。雄黇鹿的角会持续长大，等到老年的时候，这对标志性的角可以达到八九千克重。

62

为了躲避天敌，小鹿生来就披着斑驳的外皮。白色的斑点可以帮助它们在灌丛和低矮的树林里隐藏得更好。

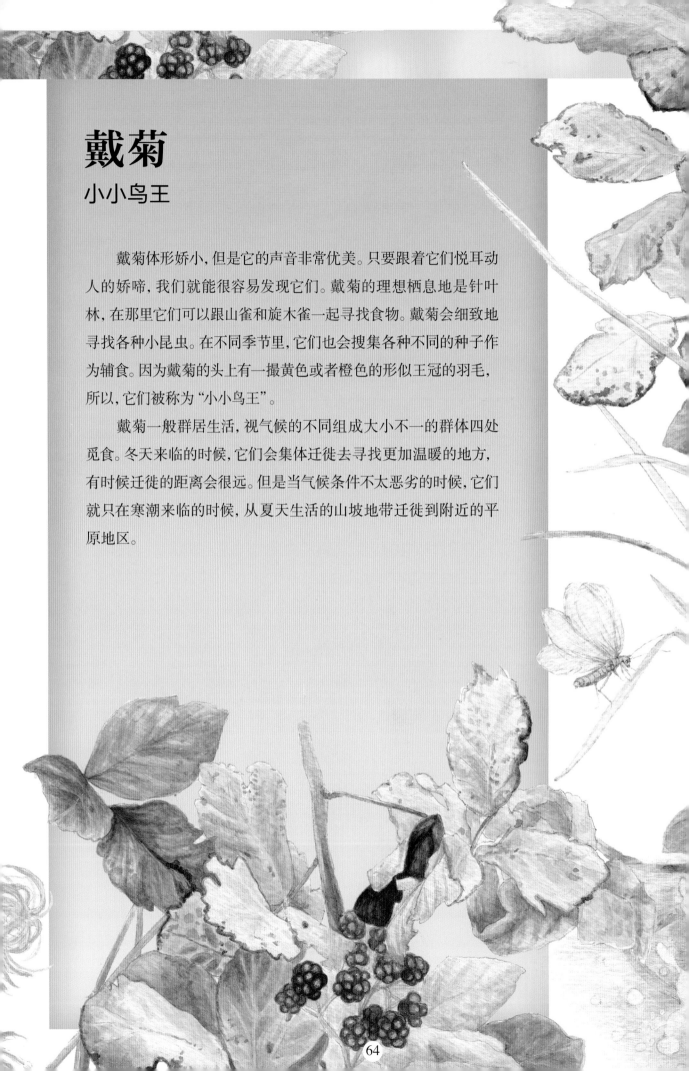

戴菊
小小鸟王

　　戴菊体形娇小，但是它的声音非常优美。只要跟着它们悦耳动人的娇啼，我们就能很容易发现它们。戴菊的理想栖息地是针叶林，在那里它们可以跟山雀和旋木雀一起寻找食物。戴菊会细致地寻找各种小昆虫。在不同季节里，它们也会搜集各种不同的种子作为辅食。因为戴菊的头上有一撮黄色或者橙色的形似王冠的羽毛，所以，它们被称为"小小鸟王"。

　　戴菊一般群居生活，视气候的不同组成大小不一的群体四处觅食。冬天来临的时候，它们会集体迁徙去寻找更加温暖的地方，有时候迁徙的距离会很远。但是当气候条件不太恶劣的时候，它们就只在寒潮来临的时候，从夏天生活的山坡地带迁徙到附近的平原地区。

春天，戴菊鸟夫妇会在针叶树的树枝上建造球状的巢，巢内垫上青草和羽毛，然后生下一窝窝的小戴菊鸟。

戴菊

分类：鸟纲，雀形目。

大小：身长约10厘米。

生活环境：筑造篮子一样的鸟巢，挂在树枝上。

哪里可以遇到它们：针叶林中，夏天在高山上，冬天在平原地带。

最佳观察时间：白天。

食物：小昆虫和植物种子。

繁殖：春天，雌鸟产下5~10枚卵。孵卵期大概12~13天，有时会产两巢卵。

戴菊是一种非常小的鸟，它们因为一个非常有意思的细节被称为"小小鸟王"：戴菊的头顶上长了一撮黄色或橙色的羽毛，看起来好像戴了顶王冠。

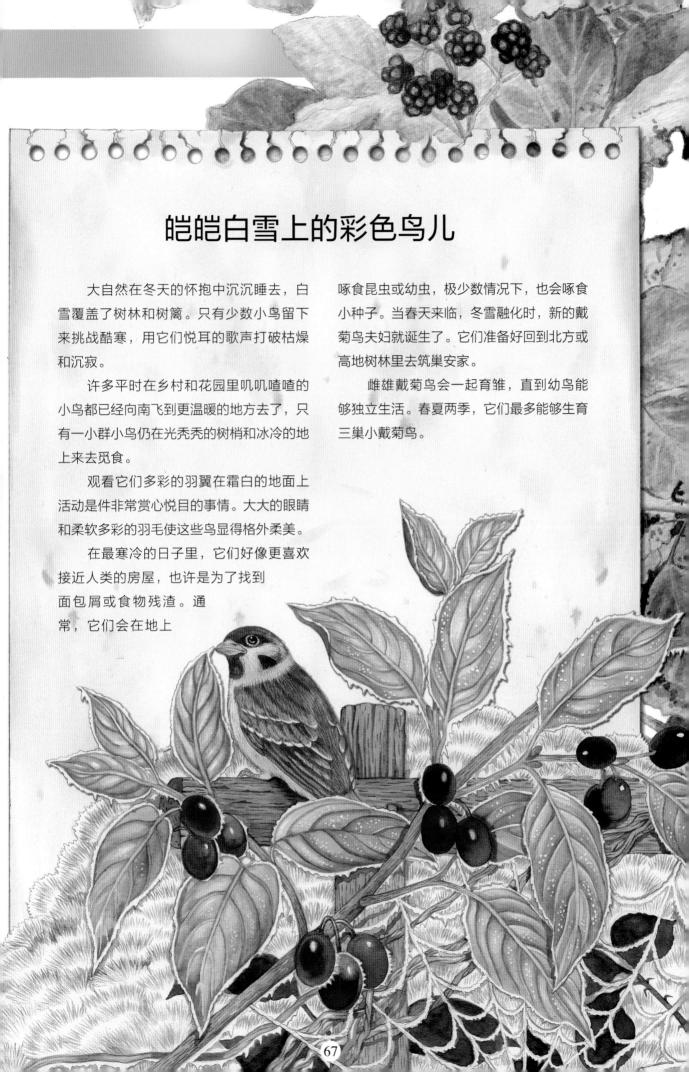

皑皑白雪上的彩色鸟儿

大自然在冬天的怀抱中沉沉睡去，白雪覆盖了树林和树篱。只有少数小鸟留下来挑战酷寒，用它们悦耳的歌声打破枯燥和沉寂。

许多平时在乡村和花园里叽叽喳喳的小鸟都已经向南飞到更温暖的地方去了，只有一小群小鸟仍在光秃秃的树梢和冰冷的地上来去觅食。

观看它们多彩的羽翼在霜白的地面上活动是件非常赏心悦目的事情。大大的眼睛和柔软多彩的羽毛使这些鸟显得格外柔美。

在最寒冷的日子里，它们好像更喜欢接近人类的房屋，也许是为了找到面包屑或食物残渣。通常，它们会在地上啄食昆虫或幼虫，极少数情况下，也会啄食小种子。当春天来临，冬雪融化时，新的戴菊鸟夫妇就诞生了。它们准备好回到北方或高地树林里去筑巢安家。

雌雄戴菊鸟会一起育雏，直到幼鸟能够独立生活。春夏两季，它们最多能够生育三巢小戴菊鸟。

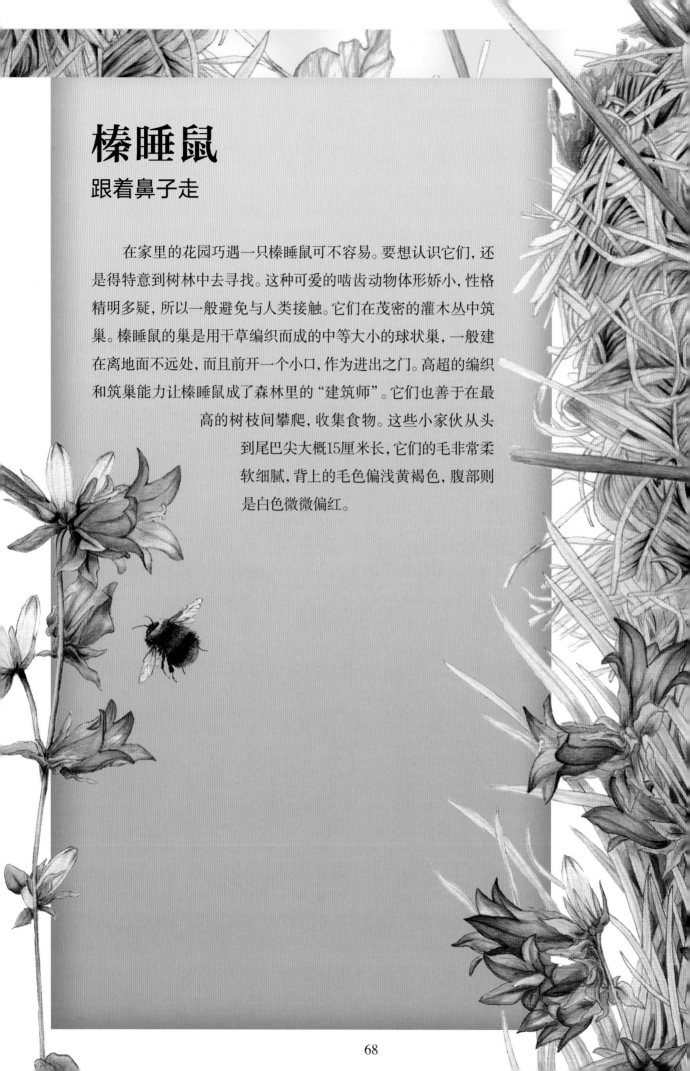

榛睡鼠
跟着鼻子走

　　在家里的花园巧遇一只榛睡鼠可不容易。要想认识它们，还是得特意到树林中去寻找。这种可爱的啮齿动物体形娇小，性格精明多疑，所以一般避免与人类接触。它们在茂密的灌木丛中筑巢。榛睡鼠的巢是用干草编织而成的中等大小的球状巢，一般建在离地面不远处，而且前开一个小口，作为进出之门。高超的编织和筑巢能力让榛睡鼠成了森林里的"建筑师"。它们也善于在最高的树枝间攀爬，收集食物。这些小家伙从头到尾巴尖大概15厘米长，它们的毛非常柔软细腻，背上的毛色偏浅黄褐色，腹部则是白色微微偏红。

榛睡鼠是优秀的杂技演员，它们可以爬到树梢上去寻找更美味的食物。轻盈的体形、强壮的爪子和可抓握的尾巴是它们最好的帮手。

夏天，雌榛睡鼠生下两胎小榛睡鼠，每胎大概3~7只。十几天之后，它们睁开眼睛，再过三周，它们就几乎可以自给自足。在秋天到来之前，小榛睡鼠长得已经跟父母差不多大了。

榛睡鼠的习惯是昼伏夜出，在黑夜里外出觅食。它们的食物多样：榛子和干果都是它们的最爱，同时也偶尔吃从鸟巢里偷来的鸟卵和雏鸟。觅食的活动在夏末到秋初这段时间格外频繁。这段时间里，我们的朋友需要囤积脂肪来帮助它们度过冬眠的时光。好几个月，它们都窝在巢里冬眠——通常多只榛睡鼠待在一起，等待温暖的春天到来。

从冬眠中醒来时，榛睡鼠体重一般会减少一半。

榛睡鼠

分类：哺乳纲，啮齿目。

大小：身长6~9厘米。

生活环境：用树叶或苔藓筑造6~12厘米的圆球状巢，悬挂在灌木丛中，靠近地面或挨着地面。

在哪里可以遇到它们：经常可以在树洞和荒废鸟窝里看到它们。

食物：植物种子、芽、花、浆果和昆虫。

繁殖：一年产两胎，每胎平均4只幼崽。

榛睡鼠们睡在温暖的小窝里——这是它们在夏末时用干草和树叶细心建造的。为了尽可能减少散热，一般它们会采取蜷伏的姿势入睡。

当体温低于一定限度时，我们小小的动物朋友们会做些小动作，避免冻僵。

过冬策略

寒冷的季节是真正考验动物们生存能力的时候。必须认真地贮存能量，为过冬做好准备。冬天里，食物变得稀缺，有时候，为了寻找食物，消耗掉的能量比所获食物能够提供的更多。不要忘了，我们还需要水。当一切都结成了冰的时候，水也是奇货可居。

怎么克服这么多困难呢？不如躲到温暖的窝里好好地睡上一觉吧，听起来是个非常棒的主意！说不定可以像棕熊一样，使用在秋季积累的脂肪储备，进行警觉的浅眠。獾就是这样学着做的。也有并不满足于浅眠，而是进入真正冬眠的，比如说刺猬。刺猬在冬天是真正进入了休眠状态，它的体温可以下降到5℃，呼吸和心脏速率也都相应地进行了调整。这样，维持生命引擎的能耗降低，所积累的脂肪也就足够撑过整个冬天了。很多"大瞌睡虫"都有这样的冬眠行为，例如蝙蝠、旱獭和一些特定种类的仓鼠。其他小型哺乳动物则将地上的雪层用作防寒保护，继续寻找食物，进行正常的生活。那些无法抵御寒冷和食物短缺的动物则通过长长的迁徙，到更温暖宜人的地方去过冬。迁徙的类型则视各种条件方便而定。候鸟会进行距离非常长的迁徙，从一片大陆转移到另一片。其他种类则满足于进行比较短途的旅行，到附近的温暖地带待到春天来临的时候。

像大树一样活着

大树是植物王国中最容易看到的成员。很多表面上屹立不动的大树生命要比人类长得多。为了能够生存得更长久，在进化的过程中，这些生物也逐渐演变得越来越低调，但是所有的生命特性和生命力它们可是一点都不缺少。只要有空气、阳光、水和土壤，它们就可以扎根、生长，每年产出数以百万计的种子，而每颗种子都可能变成一棵百年大树。

一颗种子掉到地上，它就可以扎下根系，寻找水源，发芽生长，然后树干向上生长，带着叶子靠近阳光。正是阳光让树叶发生复杂的光合作用，也就是叶绿素将二氧化碳和水转化为氧气和糖分。糖分供养着大树的生命，而它们用不着的"废弃品"——氧气，则是动物生命不可或缺的物质。由于这一点和其他原因，我们总是特别喜欢看到树荫和绿叶。

秋天里，动物朋友们都在忙什么

家麻雀	聚集成群。
蝙蝠	在气候不太严峻的时候，继续它们的夜间狩猎。
紫翅椋鸟	它们对葡萄园和橄榄园的突袭让农民十分头疼。
大山雀	出现在平原地带，提前过冬。
小林姬鼠	寻找巢穴。
乌鸫	深秋时节，生活在欧亚大陆北边的乌鸫会向气候比较温和的地方迁徙。
刺猬	当最初的寒流到来的时候，刺猬就缩进它们的巢穴里开始长长的冬眠。
蜜蜂	夏末和秋天里出生的工蜂要比其他季节出生的工蜂寿命长得多。
雕鸮	重新结成集群。
戴胜	秋末开始向南方迁徙。
鼹鼠	正常活动。
野兔	既不迁徙也不进入冬眠。
石貂	已经长成成年大小的小石貂开始脱离妈妈的保护。
戴菊	当最初的寒流到来的时候，从山地迁徙到平原。
榛睡鼠	在这个季节里，榛睡鼠的觅食活动非常密集，以便贮存身体脂肪，用于过冬。
睡鼠	已经长成成年大小的小睡鼠已经准备好寻找过冬的地方，并寻找、储存过冬的食物。
赤狐	小赤狐开始自己的生活，原始赤狐家庭成员开始分散。
绿头鸭	生活在寒凉地区的绿头鸭开始向南方迁徙。
芦莺	夏末或秋初，芦莺开始向南方温暖地区迁徙。

睡鼠
出名的"瞌睡虫"

　　当日光快速隐去的时候，睡鼠的工作时间就到来了。

　　它们摇摇身子，从沉睡中醒来，离开洞穴，开始觅食。它们在林间搜寻水果、栗子、核桃、橡子和浆果；也不会忘了到领地边缘的耕地去转转，在那儿它们经常能找到樱桃和其他水果。

　　这种优雅的小动物也不会满足于上面的素食，通常，它们会执着地去寻找鸟巢和鸟卵，甚至会在小型鸟类孵卵的时候进行突袭。

　　黎明到来的时候，睡鼠回到自己的巢穴，窝在青苔和小草做成的软垫上再次入睡。

和冬眠一样，嗜睡也是很多啮齿类动物的共同习惯。

睡鼠的性格乖戾好斗，但为了度过严寒的冬天，很多睡鼠通常会挤在一个洞穴里来保持温暖。这也是相当奇怪的一件事情。

一般，它们会把储备的食物也放在一起，这样醒来的时候也更方便。天气一有回暖的迹象，睡鼠就恢复正常的生活。成年睡鼠开始它们的求爱活动，五六月份的时候，新的睡鼠家庭就诞生了。大概一个月之后，第一窝小睡鼠出生在睡鼠妈妈精心准备的柔软小窝里。每窝小睡鼠一般3~7只。刚出生的小睡鼠全身光秃，眼睛也看不见，但在很短的时间里，它们就能自给自足，自己找食物吃了。第二窝睡鼠经常接着第一窝出生，这样，当凉爽的秋风吹起的时候，它们就已经长得足够强壮、肥硕来寻找温暖的住所，在里面装满过冬的必备品。

睡鼠妈妈用树叶和绒毛将树洞变成一个舒适的巢穴，然后在里面产下小睡鼠。每年会生1~2胎小睡鼠，每胎3~7只。出生后，小睡鼠很快就可以自力更生。

近亲

欧亚红松鼠是我们最熟悉的动物之一。在森林里，我们很容易看到它们用优雅轻盈的姿态跑来跑去。

一般，欧亚红松鼠并不怕人，而且习惯在白天活动，所以有时我们可以看到它们忙着嗑栗子或橡子。

它们的外形很像睡鼠，但是两者体形不同，尾巴、耳朵的形状和毛也都有所不同，所以不容易把它们混淆。

两者的第一个显著区别在于它们的身体结构：欧亚红松鼠的体长可以达到45厘米，其中尾巴20

厘米长，而睡鼠则要小一点，很少有达到35厘米长的（尾巴大概13厘米）。

欧亚红松鼠的尾巴形状很特别，它们尾巴上的毛分为两丛，向两边分开，像钢笔的笔尖；睡鼠的尾巴则更浓密，几乎是圆球状的。

如果有人试着揪着它们的尾巴来抓住它们，那么这些啮齿类小动物会毫不犹豫地忍痛丢掉尾巴挣脱逃走。

欧亚红松鼠

枝间杂技师

当清晨第一缕阳光透过密密的枝叶射进树林的时候，欧亚红松鼠的一天就开始了。我们可爱的朋友们到处采集核桃、松子和其他赖以为生的小果实。如果听到噪声或是发现有外来者入侵，它们会暂时停下来，躲到树枝间探查入侵者的迹象。如果发现入侵者可能对它们有威胁，欧亚红松鼠会使出全部的杂技伎俩快速逃跑，以不可思议的方式在高枝上跳跃，最后，像有魔法一般，敏捷地消失在林间。

赤狐

灌木丛中的女王

　　赤狐洞特别难找。这种红色的森林居民选择起住所来特别仔细，尤其是在人类活动较多的区域。一般，它们会在大树错综盘绕的根系处或是难以到达的浓密植被深处挖掘纵深的隧道。

　　如果是为幼崽准备的洞穴，那么赤狐在伪装工作上花的功夫就是平时的两倍，从外面几乎完全看不出来这些通常有多个出口的洞穴的存在。白天，赤狐就蜷在它们的洞穴里休息，为夜间的捕猎做好准备。

　　黄昏来临的时候，赤狐寻找食物的活动就开始了。但在冬天寒冷的时候，随着猎物的减少，赤狐也不得不提早出洞，白天就开始觅食。

在赤狐的自然栖息地——稀疏树林看到它们的机会也是很少的。稀疏的树木和灌木交接的地方是它们的猎物——啮齿类动物、小型哺乳动物和在地面筑巢的鸟类——生活的地方。

它们最喜欢的猎物是野兔和穴兔，但田鼠也是不错的选择。在低枝上飞行逗留的小鸟也不太安全。赤狐也在水边觅食，当饥饿来临的时候，它们也不得不吃一些"不够塞牙缝"的食物，例如昆虫，甚至是蜗牛。

如果领地比较接近人类的居所，它们也不会放过突袭鸡舍的机会。它们在躲避陷阱和诱饵中表现出来的聪慧狡黠让它们成了最狡猾的捕猎者。

其实很难定义赤狐是狡猾还是谨慎。在突袭捕食的时候，它们会十分警惕，只有在排除所有可能的危险后，它们才会行动。也许正是因为如此，它们获得了狡猾的名声。

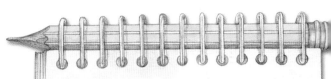

赤狐

分类: 哺乳纲，食肉目。

大小: 身长40~90厘米。

生活环境: 在岩石、草丛和灌木丛的干燥处挖洞穴。

什么时候可以遇见它们: 从黄昏到深夜；在寒冷的月份，它们下午就会出门。

食物: 鼠类、鸟类、野兔甚至家畜，浆果和水果作为辅食。

繁殖: 在1月和2月份交配，50~56天后幼崽出生，每胎2~8只。

赤狐是一种非常谨慎的、夜间活动的食肉动物。在外出狩猎或返回巢穴的时候，它们总是非常小心不让人看见。观察赤狐的最好时机是黄昏来临前的那段时间，尤其是在冬天寒冷的月份里。那时，由于猎物短缺，它们会提前出洞狩猎。

82

当寒冷的季节来临的时候，赤狐的毛会变厚以便御寒，这时它们看上去优雅轻盈。它们的毛很长，毛尖呈浅色，所以皮毛整体看起来铁锈红中带白、蓬松柔软。赤狐的四肢和耳朵都偏黑色，胸腹部和脸颊则一般是白色的。

冬天是赤狐恋爱的季节。雄性赤狐都争先恐后地歌唱。它们用打斗来吸引雌性赤狐的注意，获胜者会跟雌性赤狐一起生活，直到来年四五月份小赤狐出生的时候。

赤狐妈妈负责守护照顾小赤狐，而赤狐爸爸则负责外出为自己和要喂奶的赤狐妈妈猎食。

秋天来临的时候，家庭成员相互分离，小赤狐已经准备好自己应对新的冒险了。

绿头鸭
嬉戏于天水之间

　　雌性绿头鸭在水边的草丛和芦苇丛中寻找一个隐秘处，筑造一个小巢，然后把卵产在里面。绿头鸭的巢一般用羽毛填充铺垫，所以十分松软，也非常简单。绿头鸭每巢产7~12枚卵，卵壳基本呈白色或灰绿色。

在经历4周的孵化后，长着灰黄色绒毛的小鸭子就破壳而出了。短短几天后，就可以看到它们蹒跚着跟在妈妈身后去池塘里寻找它们的第一餐——昆虫和幼虫。小鸭子本身也是许多在池塘里出没的动物喜欢的猎物，所以妈妈不得不一直看着它们，时刻准备着将它们藏在自己张开的翅膀下面来保护它们。短短几个月后，它们就能变得跟父母一样大，而且能够飞行，可以迁徙到更温暖的地区。

长时间生活在水里的鸟类在进化中有了一些特殊的天赋，这让它们能更好地适应这个环境。由于它们必须在水面上游泳，要解决的第一个问题就是羽毛在遇到水的时候不能吸水，从而变得太重。

绿头鸭

分类：鸟纲，雁形目。

大小：身长50~65厘米。

生活环境：巢一般筑在靠近水的地方，藏在草丛和芦苇间。

哪里可以遇到它们：生活在水比较浅的小湖泊和淡水池塘里。

最佳观察时间：白天。

食物：生活在水面或浅水区的植物和小型水生动物。

繁殖：雌性绿头鸭一次产7~12枚卵，经历大约4周的孵化，带有灰黄色绒毛的小鸭子就出生了。

孵卵一般在水边进行。每巢大概有7~12枚卵。

　　绿头鸭用喙去刺激尾巴附近的一个腺体，腺体受刺激后会分泌一种特殊的油质，然后，绿头鸭细心地把油抹到自己的羽毛上，这样，羽毛的防水护理就完成了。带蹼的脚掌让它们在陆地上行走时十分笨拙，在水里游泳却十分灵巧敏捷。当脚掌向后拨水的时候，脚掌张开，反向则脚掌合拢。鸭嘴又宽又扁，边缘具有角质薄层，适合到水底寻找食物。这样，它们就能捉到爱吃的昆虫、甲壳动物和植物。

芦莺

漫步在河边

　　如果想听雄芦莺的歌声，那就需要在黎明之前起床，穿着靴子，到河边的芦苇丛里来。不过说实话，也需要把握正确的时机，因为这些音乐家每年一展歌喉的时间都不长。

　　雄芦莺在热带地区度过冬天之后，在4月底左右回到北方地区。它们会比雌芦莺提早十五天左右回来，以便在河边或者池塘边找到一片长满芦苇的合适区域，用来筑巢，等待同伴归来。

　　雄芦莺用婉转动听、响亮活泼的歌声来吸引雌芦莺，它们甚至能模仿其他鸟类的叫声。当雌芦莺听到歌声，决定留在雄芦莺选定、守护的地方时，雄芦莺就会停止它们的歌唱。

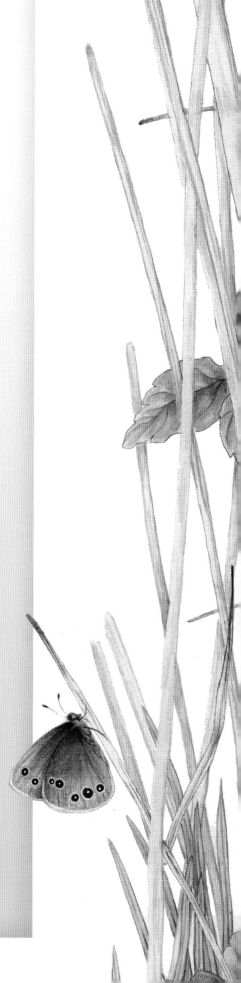

接下来，它们就要忙着筑巢了。当它们的工作完成时，我们就可以欣赏到极其优雅的杰作：一个细枝、草叶和其他材料编织而成的近乎圆柱体的鸟巢牢牢地固定在芦苇秆上；这个巢还能够上下滑动，以防风吹来时受到损害。5月底的时候，鸟巢里已经有了4枚或者5枚卵。芦莺的卵壳呈浅绿色或灰色，上面有棕色斑点。

芦莺的卵壳呈浅绿色或灰色，
上面有棕色斑点。

　　育雏的工作由雄芦莺和雌芦莺共同分担,但是最繁重的任务还在前面等着它们。这些活泼的小鸟飞得很快,不时地攀爬在芦苇秆上,以便捕捉池塘里的各种蠕虫、昆虫、蜘蛛和软体动物,好拿来喂养刚出生的小芦莺。小芦莺出生后,有10~12天都得接受这样的喂养。

　　在这段时间里,每只小芦莺大概每天都会接受数百次喂养。到8月底出发前往非洲之前,有些芦莺夫妇能够养育两巢小芦莺。这样,我们在来年春天又能听到池塘里美妙的芦莺歌声了。

　　大杜鹃会将卵产在芦莺的巢内,让芦莺夫妇代为哺育幼鸟,所以经常会看到娇小的芦莺在喂养体形比自己大很多的大杜鹃幼鸟。

芦莺

分类: 鸟纲,雀形目。

大小: 身长约12厘米。

生活环境: 一般以草编织圆柱形的巢,并将其固定在芦苇秆上。

哪里可以遇到它们: 在芦苇密集的水域。

最佳观察时间: 春夏的早晨。

食物: 各种蠕虫、昆虫和池塘里的软体动物。

繁殖: 每年5月末的时候雌芦莺产4~5枚卵,雄鸟和雌鸟共同育雏。

即使寒冷的天气让我们不得不关上门窗，但透过向着花园的窗户，我们还是能看到一些美丽的景象。很多小鸟都在寻找食物，为了吸引它们，只需要找一处安静的地方撒点面包屑，然后坐下来，等待它们的光临。

不难看到一只披着柔软的彩色羽毛的知更鸟登场。它胸前的橙红色在这一片茫茫的白色中尤为显眼。冬天，食物的短缺让这种小鸟靠近人类的窗户寻找小面包屑。

苍头燕雀和大山雀也是常常光临窗台的可爱客人。为了躲避寒冬的严峻考验，它们会飞到平原地带的房屋附近和公园里。

冬天里，动物朋友们都在忙什么

家麻雀　　　进行从山坡到平原的短途旅行。

蝙蝠　　　　聚集成群，进入冬眠。

紫翅椋鸟　　从北方地区飞往气候不太严峻的南方，但也会在纬度较高的地区过冬。

大山雀　　　冬天，会去捕食缩在蜂巢里的蜜蜂。

小林姬鼠　　进入浅冬眠状态，偶尔中断，外出觅食。

乌鸫　　　　冬末即开始筑巢。

刺猬　　　　冬眠。

蜜蜂　　　　冬季，因为外界气温较低，而且没有鲜花可供采蜜，蜜蜂会一个挨着一个留在
　　　　　　蜂巢里，形成所谓的冬季集群；一群蜜蜂在蜂后四周形成球形，将其包围在中
　　　　　　央，并用体温给它保暖。

雕鸮　　　　极少数地区的种群会从欧亚大陆迁徙到南方热带地区。

戴胜　　　　在热带地区度过最冷的几个月。

鼹鼠　　　　正常活动。

野兔　　　　冬天有时候会躲到雪下避寒。

石貂　　　　大部分时间都在捕食。

戴菊　　　　在冬天开始的时候进行大规模的迁徙，以寻找理想的过冬环境。

榛睡鼠　　　会结伴在冬眠中度过几个月。

睡鼠　　　　像很多其他啮齿类动物一样，睡鼠冬天会陷入冬眠。多只睡鼠共享一个巢穴。

赤狐　　　　冬天是赤狐的求偶季节，雄赤狐会进行激烈的竞争，以便得到配偶。

绿头鸭　　　30~50只鸭子成群生活。

芦莺　　　　在热带地区度过冬天。

术语表

蚜虫 长着长触角和长足的小虫子；它们住在芽和树叶里，吸吮汁液，对农作物有害。

蜂巢 蜜蜂繁衍生息的居所。

雁形目 水鸟种类，主要特征是喙前段具有宽大的、朝下弯曲的角质。

觅食工蜂 工蜂的一种，出生20天到35天后从事采蜜工作。

浆果 肉质果，有一层膜状外果皮，中果皮和内果皮肉质多汁。

食团 多种鸟类吐出的一团不易消化的食物残渣，主要是骨骼、毛发、羽毛等。

鳃 通过这种身体器官，可进行气体交换，完成水下呼吸。

蝙蝠 一种能飞的胎生哺乳动物。

叶绿素 包含在植物叶绿体中的绿色素，是光合作用的关键。

针叶树 一类植物，大概包含500多个物种，通常生长在北半球温带和寒带地区。为多年生植物，叶子较小，呈针状。

花冠 由花瓣组成的结构，通常颜色鲜艳。

树皮 树木枝干的表皮。

孵卵 孵化产到巢中的卵。

雄蜂 雄性蜜蜂，由未受精的卵发育而成。

妊娠期 雌性哺乳动物从受精至分娩，胚胎在母体内生长发育的时期。

蝌蚪 两栖动物（蛙、蟾蜍等）的幼体，身体为椭圆形，并有扁平、披针形的尾巴帮助游泳。

冬季集群 冬季，工蜂在蜂房内形成集群以保持温度（蜂巢内部温度可达到34℃）。

栖息地 某种动物或植物天然生长、生活的环境，拥有其特定的气候和其他物理、化学、生物和生态特征，并由这些特征决定范围大小。

冬眠 特定的生命潜伏状态。有些动物在寒冷季节会定期进入这样的状态。典型的冬眠动物包括几种无脊椎动物，多种脊椎动物，其中哺乳动物中多个目的物种都有这种现象。

膜翅目 昆虫的一个目，上颚发达，具有发达的复眼，头上长有一对触角，胸部两对膜质翅，一共有三对足，包括各种蜂和蚂蚁。

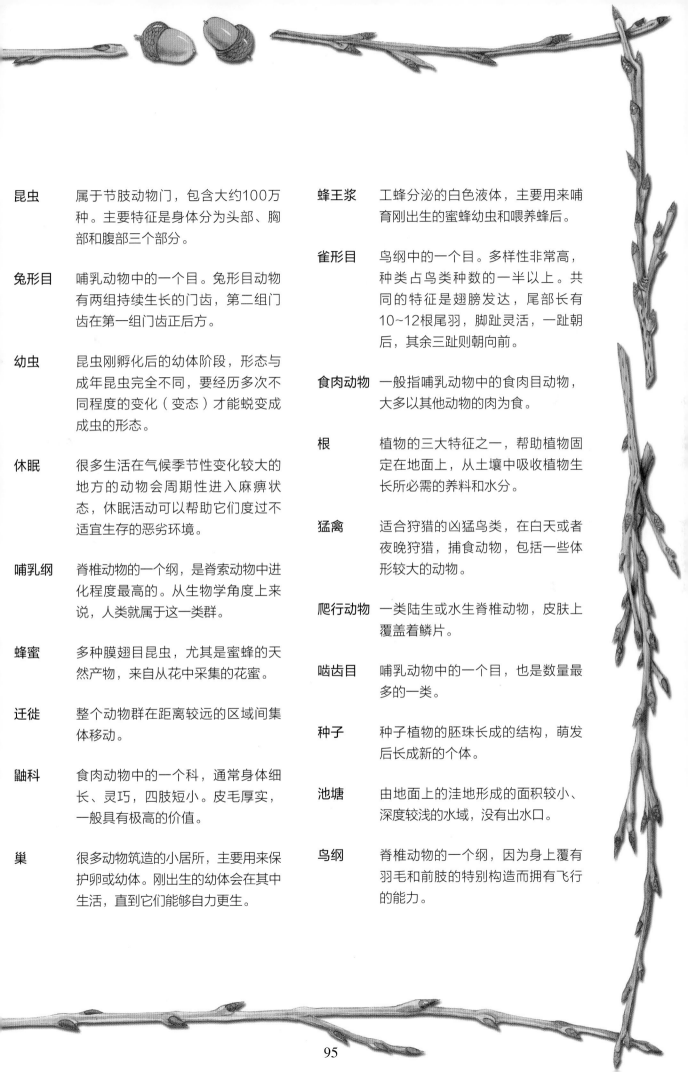

昆虫	属于节肢动物门，包含大约100万种。主要特征是身体分为头部、胸部和腹部三个部分。
兔形目	哺乳动物中的一个目。兔形目动物有两组持续生长的门齿，第二组门齿在第一组门齿正后方。
幼虫	昆虫刚孵化后的幼体阶段，形态与成年昆虫完全不同，要经历多次不同程度的变化（变态）才能蜕变成成虫的形态。
休眠	很多生活在气候季节性变化较大的地方的动物会周期性进入麻痹状态，休眠活动可以帮助它们度过不适宜生存的恶劣环境。
哺乳纲	脊椎动物的一个纲，是脊索动物中进化程度最高的。从生物学角度上来说，人类就属于这一类群。
蜂蜜	多种膜翅目昆虫，尤其是蜜蜂的天然产物，来自从花中采集的花蜜。
迁徙	整个动物群在距离较远的区域间集体移动。
鼬科	食肉动物中的一个科，通常身体细长、灵巧，四肢短小。皮毛厚实，一般具有极高的价值。
巢	很多动物筑造的小居所，主要用来保护卵或幼体。刚出生的幼体会在其中生活，直到它们能够自力更生。
蜂王浆	工蜂分泌的白色液体，主要用来哺育刚出生的蜜蜂幼虫和喂养蜂后。
雀形目	鸟纲中的一个目。多样性非常高，种类占鸟类种数的一半以上。共同的特征是翅膀发达，尾部长有10~12根尾羽，脚趾灵活，一趾朝后，其余三趾则朝向前。
食肉动物	一般指哺乳动物中的食肉目动物，大多以其他动物的肉为食。
根	植物的三大特征之一，帮助植物固定在地面上，从土壤中吸收植物生长所必需的养料和水分。
猛禽	适合狩猎的凶猛鸟类，在白天或者夜晚狩猎，捕食动物，包括一些体形较大的动物。
爬行动物	一类陆生或水生脊椎动物，皮肤上覆盖着鳞片。
啮齿目	哺乳动物中的一个目，也是数量最多的一类。
种子	种子植物的胚珠长成的结构，萌发后长成新的个体。
池塘	由地面上的洼地形成的面积较小、深度较浅的水域，没有出水口。
鸟纲	脊椎动物的一个纲，因为身上覆有羽毛和前肢的特别构造而拥有飞行的能力。